欢迎来到
怪兽学园

_____ 同学，开启你的探索之旅吧！

主角人物 阿思 阿麦

献给亲爱的衡衡和柔柔，以及所有喜欢数学的小朋友。

——李在励

献给我的女儿豆豆和暄暄，以及一起努力的孩子们！

——郭汝荣

图书在版编目（CIP）数据

超级数学课 . 9, 玩转乐园镇 / 李在励著；郭汝荣绘. —北京：北京科学技术出版社，2023.12
（怪兽学园）

ISBN 978-7-5714-3349-9

Ⅰ. ①超… Ⅱ. ①李… ②郭… Ⅲ. ①数学—少儿读物 Ⅳ. ① O1-49

中国国家版本馆 CIP 数据核字（2023）第 210382 号

策划编辑：吕梁玉	**电 话**：0086-10-66135495（总编室）
责任编辑：金可砺	0086-10-66113227（发行部）
封面设计：天露霖文化	**网 址**：www.bkydw.cn
图文制作：杨严严	**印 刷**：北京利丰雅高长城印刷有限公司
责任印制：李 茗	**开 本**：720 mm×980 mm 1/16
出 版 人：曾庆宇	**字 数**：25 千字
出版发行：北京科学技术出版社	**印 张**：2
社 址：北京西直门南大街 16 号	**版 次**：2023 年 12 月第 1 版
邮政编码：100035	**印 次**：2023 年 12 月第 1 次印刷
ISBN 978-7-5714-3349-9	

定 价：200.00 元（全 10 册）

9玩转乐园镇

剩余定理

李在励◎著　郭汝荣◎绘

北京科学技术出版社
100层童书馆

穿越峡谷

谜题

怪兽学园放暑假了，阿麦和阿思决定一起去乐园镇游玩，那里有怪兽卡丁车、转转摩天轮、大滑梯，还有很甜很甜的精灵糖葫芦。

阿麦和阿思一走进乐园镇，就发现每个娱乐项目前都有一块牌子，很多小怪兽正围着牌子七嘴八舌地议论着。

原来乐园镇正在举办谜题嘉年华，谁能解开每个娱乐项目前的谜题，谁就可以免费玩这个项目。

听到这样的好消息，阿麦和阿思便直奔他们最爱的卡丁车项目。

这个项目前牌子上的谜题是这样的：有一些小怪兽想玩卡丁车，如果 3 个一组会剩 1 个，如果 4 个一组也会剩 1 个，如果 5 个一组还是会剩 1 个，请问这些小怪兽最少有几个？

No.1

我会我会，这太简单啦！把符合 3 种情况的数分别列举出来，再找到其中相同的数就行。

话音刚落，阿麦就抢过阿思手中的笔和本写了起来。

阿麦把符合每种情况的数各写了 5 个。

3 个一组剩 1 个：4、7、10、13、16……

4 个一组剩 1 个：5、9、13、17、21……

5 个一组剩 1 个：6、11、16、21、26……

阿麦累得满头大汗，还是没找到那个"相同的数"。

"不用写啦！我已经知道了，答案是61！"阿思在一旁说。

你是怎么算出来的？我写了这么多数还没找到答案呢！

按照题目的意思，这个数分别除以 3、4、5 都会余 1。换个思路想，这个数减去 1 后，能被 3、4、5 整除。

这个数能被3、4、5整除的话，那它就是3、4、5的公倍数呀。

那我们只要找到3、4、5的最小公倍数再加1就可以了！

【小知识】

如果一个数同时是几个数的倍数，则称这个数为它们的公倍数；公倍数中最小的数称为最小公倍数。

要想找到3、4、5的最小公倍数只需把它们相乘，3×4×5 = 60，再加上1，所以我们很快就算出答案是61了。

我们快去把答案告诉售票员叔叔吧，看看我们能不能得到免费的游玩机会！

阿麦和阿思的确算出了正确答案。他们玩了一圈又一圈怪兽卡丁车，开心极了。

转转
摩天轮

在卡丁车上大显身手后，阿麦和阿思来到了转转摩天轮前。摩天轮前牌子上的谜题是这样的：有一些小怪兽想乘坐转转摩天轮，如果每3个小怪兽坐一个轿厢会剩2个小怪兽，如果每4个小怪兽坐一个轿厢会剩3个，如果每5个小怪兽坐一个轿厢会剩4个，请问这些小怪兽最少有几个？

阿麦挠了挠头，有一些不安，说："阿思，这次每种情况剩下的人数不一样，好像不能用你之前的办法了！"

阿思没有吭声，他正在思考。

　　阿思在本子上画了一些小圆圈，像题目中说的那样，3个一组、4个一组和5个一组，还有一些圆点。画完后，他把本子举到阿麦眼前说："你看，这些小圆圈可以代表要坐摩天轮的小怪兽，圆点表示不确定有几组。3个一组的最后剩2个小怪兽，4个一组的最后剩3个，5个一组的最后剩4个。如果我们分别给最后剩下的那组都加上一个圆圈呢？"

阿麦很快就画好了，每一行加上一个圆圈之后，最后一组的
圆圈数分别变成了3、4、5。

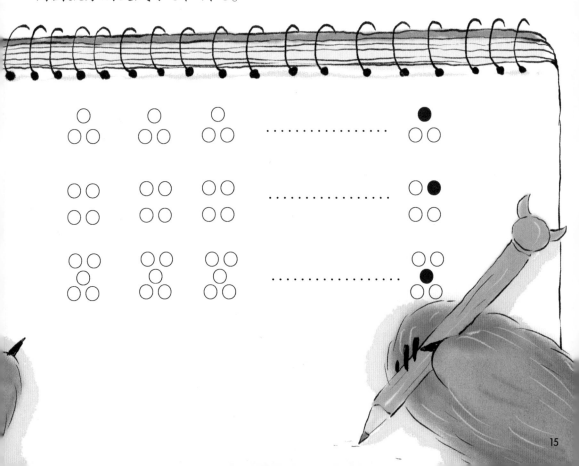

假设小怪兽的数量多 1 个，这个数就正好能被 3、4、5 整除了，所以这道题的答案应该是 3、4、5 的最小公倍数减 1。

$3 \times 4 \times 5 = 60$

$60 - 1 = 59$

刚才我们算过 3、4、5 的最小公倍数是 60，减 1 就是 59 啦。

"我们可以验证一下，"阿思提议，"59 除以 3 等于 19 余 2，59 除以 4 等于 14 余 3，59 除以 5 等于 11 余 4。完全符合题目的要求。"

$59 \div 3 = 19 \cdots\cdots 2$

$59 \div 4 = 14 \cdots\cdots 3$

$59 \div 5 = 11 \cdots\cdots 4$

完全符

阿麦和阿思如愿以偿地乘坐了摩天轮。

天色渐渐暗下来了，阿麦和阿思决定休息一下，吃点儿好吃的。

他们蹦蹦跳跳地来到了小吃摊前，阿麦最喜欢乐园镇里独有的精灵糖葫芦。

没想到精灵糖葫芦摊前也有一道谜题，阿麦激动地拍了一下阿思的肩膀说："哇，说不定我们还能吃免费的糖葫芦呢！"

阿思没有说话，他已经开始认真看题目了。

牌子上的谜题是这样的：有一些山楂，乌冬爷爷准备把它们穿成糖葫芦。如果每3颗穿一串会多2颗山楂，如果每4颗穿一串会多1颗，如果每5颗穿一串就正好穿完。这些山楂最少有多少颗呢？

免费

山楂

精灵糖葫芦

免费

看起来和之前的题目很像但又完全一样，你有什么思路吗？

确实，第一道谜题的余数都是1，第二道谜题的余数都比除数小1，但这次余数不一样，余数和除数的差也不一样呢。该怎么做呢？

阿麦拿出笔和本，画了3行圆圈。第一行3个圆圈一组，最后一组是2个；第二行4个圆圈一组，最后一组是1个；第三行5个圆圈一组，最后一组不多也不少。

　　阿思看着阿麦画的图，皱着眉头说："前两次我们都找到了共同点才能很快解答问题，这一次的共同点在哪里呢?

阿麦盯着圆圈苦苦思索，突然他兴奋地说："我知道了！共同点是 5！"

阿麦说完用笔把第一行圆圈的最后两组圈了起来，又把第二行的最后两组圈了起来，对阿思说："聪明的阿思，你能看懂我在做什么吗？"

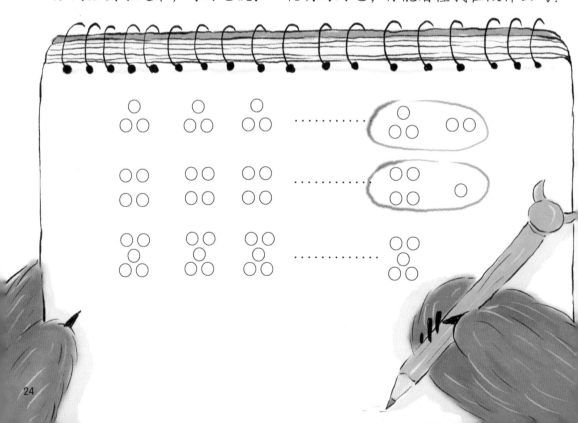

"我们可以把第三行的最后一组也圈起来，这个数除以5没有余数，也就是余数是0，3+2=5，4+1=5，5+0=5。这次的共同点是除数和余数相加的结果一样，对吧？"阿思说。

3+2=5

4+1=5

5+0=5

$3 \times 4 \times 5 = 60$
$60 + 5 = 65$

是的，假如我们把每一行最后的5个圆圈都去掉，前面的圆圈数就又能变成3、4、5的公倍数了。所以，答案是60再加5，最少有65颗山楂。

阿麦，多亏了你！我们这次能吃到免费的精灵糖葫芦主要是你的功劳！

阿麦和阿思举着精灵糖葫芦，听着别的小怪兽的赞美，别提有多高兴了！

美食广场

乐园出口

　　成书于公元 400 年前后的数学著作《孙子算经》卷下的第二十六题叫作"物不知数"，内容如下：有物不知其数，三三数之剩二，五五数之剩三，七七数之剩二。问物几何？也就是说，一个整数除以 3 余 2，除以 5 余 3，除以 7 余 2，求这个数。

　　宋朝数学家秦九韶在《数书九章》里对"物不知数"的问题做了清楚的解答。

　　明朝数学家程大位将解法编成易于记忆的《孙子歌诀》：三人同行七十稀，五树梅花廿一支，七子团圆正半月，除百零五便得知。

书中所举的例子都是剩余问题中的典型例子,分为3种情况:余数相同、余数与除数的差相同、余数与除数的和相同。这3种问题的解法用口诀总结是"余同取余,差同减差,和同加和,公倍数做周期"。

 拓展练习

　　1. 有一筐苹果需要装袋,每袋2个少1个,每袋3个也少1个,每袋4个还是少1个,这筐苹果最少有几个?

　　2. 一些小朋友在操场上做操,排成3列、4列和5列都多2人,这些小朋友最少有几人?

参考答案

1. 这筐苹果最少有 11 个。　2. 小朋友最少有 62 人。

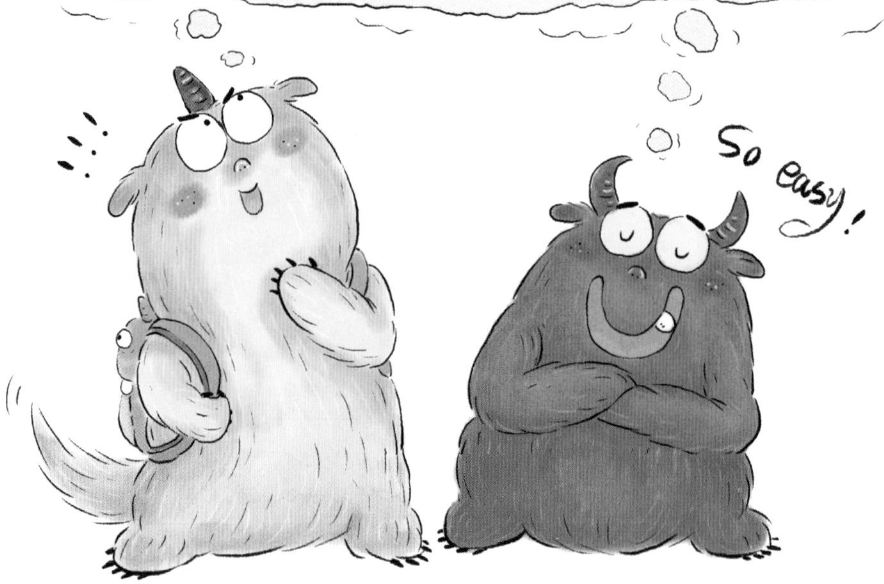